Hartmut Ellrich

Auf schmaler Spur – Sächsische Schmalspurbahnen

Rhino Westentaschen-Bibliothek

Band 113

99 1777-4

Hartmut Ellrich

Auf schmaler Spur

Sächsische Schmalspurbahnen

RHINOVERLAG

Trotz gewissenhafter Bearbeitung kann eine Haftung für den Inhalt nicht übernommen werden. Für aktuelle Ergänzungen und Anregungen ist der Verlag jederzeit dankbar. Wir bedanken uns bei allen, die uns unterstützt haben.

Fotos: S. 2, 26: Lars Naumann; S. 9, 25 Kay Baldauf; S. 11, 12/13: Sven Oettel; S. 17, 20/21: Ben Walther; S. 31: Daniel Schölzel; S. 34, 36/37: Marko Thoms; S. 40/41, 42/43: Daniel Henke; S. 47, 48/49, 50/51: Döllnitzbahn GmbH; S. 53: Feldbahnschauanlage Glossen e. V.; S. 56, 58: Freizeitanlage Syratal-Plauen; S. 62/63: Kati Schmidt; S. 68/69: Michael Kapplick; S. 70/71: Martin Georgi; S. 74/75, 76/77: Thomas Poth; S. 82/83; Olaf Urban, Weißwasser; S. 88/89, 90/91: SOEG, Mario England

Abb. S. 2: Weißeritztalbahn, Lok 99 1777-4 beim Wasserfassen im Bahnhof Dippoldiswalde

Dank an: Anita Radicke und die Staatlichen Schlösser, Burgen und Gärten Sachsen gGmbH, Dresden; Matthias Richter und die Feldbahnschauanlage Glossen e. V., Glossen; Daniel Schölzel und die Görlitzer Oldtimer Parkeisenbahn e. V., Görlitz; Marko Thoms und den Verein Schwarzbachbahn e. V., Hohnstein / OT Kohlmühle; Mario Böhme, Gerald Seifert, Thomas Poth und die Interessengemeinschaft Preßnitztalbahn e. V. Jöhstadt; Stephanie Arnoldt, Kati Schmidt und die SDG Sächsische Dampfeisenbahngesellschaft mbH mit Fichtelbergbahn, Lößnitzgrundbahn und Weißeritztalbahn, Kurort Oberwiesenthal; Daniel Henke und die Parkeisenbahn Auensee e. V., Leipzig; Denise Zwicker und die Döllnitzbahn GmbH, Oschatz; Marcel Kaiser und die Freizeitanlage Syratal, Plauen; Michael Kapplick und die Museumsbahn Schönheide e. V., Schönheide; Olaf Urban und die Waldeisenbahn Muskau e. V., Weißwasser; Mario England und die Sächsisch-Oberlausitzer Eisenbahngesellschaft mbH (SOEG), Zittau, alle ungenannten Einbahnenthusiasten und nicht zuletzt an Satz & Lektorat mit Ute Schmidt und Nicole Güntek.

Impressum

Am Hang 27, 98693 Ilmenau
Tel.: 03677 / 46628-0, Fax: 03677 / 46628-80
rhinoverlag@vggh.de, www.RhinoVerlag.de

Titelbild:	Titelbild: Lok 99 713 der Lößnitzgrundbahn, Foto: Kati Schmidt
Layout, Satz:	Ute Schmidt, Geraberg
Schrift:	Arno Pro
Titelgestaltung:	Jana Rogge, Weimar

1. Auflage 2026

ISBN: 978-3-95560-113-3

Inhaltsverzeichnis

Vorwort

Auf schmaler Spur durch Sachsen unterwegs zu sein, ist bis heute ein Erlebnis für Groß und Klein, Jung und Alt, Jungs wie Mädchen, Einheimische wie Touristen. Einige der schönsten Strecken im Freistaat vereint der vorliegende Band. Und dies kommt nicht von ungefähr, denn das sächsische Schmalspurbahnnetz war das größte im Deutschen Reich und auch später auf dem Gebiet der SBZ und DDR. Nach 1918 waren es über 500 km Länge, nach 1945 noch 410 km, Gleisnetz, die von der Elbe bis ins Erzgebirge reichten. Das rund 60 km von Leipzig gelegene Mügeln besaß darunter den größten Schmalspurbahnhof Europas. Hier liefen nicht nur die Gleise mit den üblichen 750 mm Spurweite zusammen, sondern endeten auch Industriegleise mit 600 mm. Noch heute ist die Region mit dem „Wilden Robert“ ein Eldorado für Eisenbahnenthusiasten.

Ursprünglich waren die Schmalspurstrecken als sogenannte Sekundärbahnen errichtet worden – zu 99 % auf Staatskosten, in Ausnahmefällen zunächst auch privat wie bei der Zittauer Schmalspurbahn. Ihnen allen gemein war, das sie unzugängliche Gebiete, Taleinschnitte und Bergregionen mit engen Kurvenradien erschlossen und eine Schlüsselrolle für die Industrialisierung Sachsens boten. Plötzlich waren die Glashütten und Textilfabriken des Erzgebirges mit den großen Hauptstrecken und Städten in Deutschland und Europa verbunden, konnten Kohlen und Erze, Mineralstoffe und gewaltige Tonnagen über Güterzüge schneller und kostengünstiger transportiert werden. Daran änderte sich vielfach bis 1990 wenig, auch wenn das große Sterben der Schmalspurbahnen ab Mitte der 1960er Jahre auch vor mancher touristisch beliebten Strecke keinen Halt machte. Schlagartig waren Strecken wie die Schwarzbachbahn, die Preßnitztalbahn oder die Strecke Wilkau-Haßlau-Carlsfeld Geschichte. Ausgerechnet mit dieser Verbindung hatten die sächsischen Schmalspurbahnen 1881 ihren Anfang genommen. Es war die zugleich längste Schienenverbindung dieser Art. 1969 wurden 174 Schienenkilometer Schmalspurstrecke stillgelegt – der traurige Rekord! Und dann kam die politische Wende 1989/90. Für viele der Strecken bedeutete sie eine Zäsur, bot jedoch den schon zuvor gegründeten Interessengemeinschaften auch neue Chancen. Dazu gehörten die zahlreichen Pioniereisenbahnen, die nunmehr meist als Parkeisenbahnen tituliert, an die alten Vorbilder anknüpften.

Partnerschaften wie einst zur Reichsbahn gibt es vielfach bis heute und noch immer bieten die Anlagen in Dresden, Görlitz oder Leipzig jungen Menschen die Chance, den Eisenbahnbetrieb der Erwachsenen im Maßstab 1:33 kennenzulernen. Die älteren nutzen dann Eisenbahnbetriebsfelder wie in Schloss Friedrichsthal in Gotha / Thüringen oder an der TU Dresden. Wer weiß, wie viele der Studierenden früher schon an den Pionier- oder Parkeisenbahnen mitgewirkt haben.

Und dann ist da noch ein engagierter Sachse, der die Schiene wie kein zweiter populär gemacht hat: Hagen von Ortloff. Seiner Geburtsheimat verpflichtet, berichtete er mit dem SWR-Format „Eisenbahnromantik" in steter Folge auch von den Schönheiten der sächsischen Eisenbahnen – auf normaler und auf schmaler Spur! Längst ist das Internet hinzugekommen, gibt es Blogs, Vlgos und vieles mehr. Die „Community" wächst, die Begeisterung hält an. Dazu gehört vor allem die Dampfbahn-Route Sachsen (**www.dampfbahn-route.de**), die von der Sächsisch-Oberlausitzer Eisenbahngesellschaft mbH in Zittau koordiniert wird! Und das Beste: fünf der Schmalspurbahnen fahren täglich – im Liniendienst, idealerweise sogar dampfbespannt! Das

macht Sachsen so einzigartig und liebenswert, traditionsverbunden und innovativ.
Während bei der Dampfbahn-Route rund 200 Kooperationspartner und über 80 Stationen zu entdecken sind, sind es hier 14 ausgewählte historische Strecken, darunter einer Industriebahn. Es lohnt sich auch hier links und rechts von der Strecke abzubiegen, zu Kunst, Kultur und Küche, aber vor allem immer wieder zur Bahnstrecke zurückzukehren. Kommen Sie mit?

Zug mit Lok 99 1794-9 im Bahnhof Neudorf

Fichtelbergbahn

Cranzahl–Kurort Oberwiesenthal

Lage:	SDG Sächsische Dampfeisenbahngesellschaft mbH, Fichtelbergbahn, Bahnhofstraße 7, 09484 Kurort Oberwiesenthal
Kursbuchstrecke:	518
Bau:	1896/97
Eröffnung:	19./20. Juli 1897
Strecke:	Cranzahl–Oberwiesenthal
Streckenlänge:	17,35 km
Spurweite:	750 mm
Stationen:	(9) Cranzahl; Unterneudorf; Neudorf; Vierenstraße; Kretscham-Rothensehma; Niederschlag; Hammerunterwiesenthal; Unterwiesenthal; Kurort Oberwiesenthal
Höhenunterschied:	238 m
Loks:	(29) für drei Schmalspurbahnen (Stand: April 2025); u. a. Lok-Nr. 99 1741-0, Baureihe 99 73-76 (1929)
Personenwagen:	u. a. 974-324 (1915); 970-421 (1923)
Besonderheit:	Hüttenbachviadukt (110 m lang; 23 m hoch)
Kontakt:	**www.fichtelbergbahn.de**

Was mögen sich die Touristiker nur gedacht haben, als sie den „Erlebnispfad Bimmelbahn" aus der Taufe hoben und dadurch mit der Fichtelbergbahn fast „auf Tuchfühlung" gingen? Sicher nur Liebevolles, denn die

17,35 km lange Bahnstrecke erschließt seit dem 19. Juli 1897 nicht nur Deutschlands höchstgelegene Stadt Kurort Oberwiesenthal, sondern fast auch noch den mit 1.214,88 m höchsten Berg Sachsens! Der wartete schon 1889 mit einer ersten Berggaststätte auf. Erst 1924 folgte die Luftseilbahn. Auch sie ist die älteste Deutschlands und bewältigt die letzten 303 Höhenmeter über eine Distanz von 1.175 m.

Was ursprünglich auch der wirtschaftlichen Entwicklung diente, hat sich längst zum reinen touristischen Magneten gewandelt. Tatsächlich hat die Bahnverbindung die Attraktivität Oberwiesenthals als Fremden-

Lok 99 1741-0 mit Aussichts-, Gepäck- und Personenwagen

99 1741-0 mit Gepäck- und Personenwagen

verkehrs- und Wintersportort extrem befördert, mit einem ab 1920 stetig steigenden Fahrgastaufkommen durch neue Hotels und Pensionen. Ab 1928 fuhren beschleunigte Personenzüge, dank neuer und größerer Dampfloks, die die Lokomotivgattung IV K ablösten. Die Loks der Baureihe 99 73-76 entsprachen den Erwartungen an die schwierigen Bahnstrecken in Sachsen. Immerhin musste die Fichtelbergbahn über 17,35 km einen Höhenunterschied von rund 238 m überwinden. 1952 konnte hier mit der VII K Neubau der Baureihe 99.77-79 die erste Neubaudampflok in

Dienst gestellt werden. Die Strecke ist heute derartig populär, dass die wanderfreudigen Eisenbahnenthusiasten auf dem Erlebnispfad rund 21 km Weg in Kauf nehmen müssen, um die Bahnstrecke samt reizvoller Umgebung zu erleben und gegebenenfalls zu fotografieren. Es ist natürlich ein Weg mit Mehr-wert, denn zu Beginn und unterwegs laden regionaltypische Museen wie das Räuchermannmuseum in Cranzahl oder die Schauwerkstatt „Zum Weihrichkarzl" (Räucherkerzchen) in Neudorf zum Verweilen und Entdecken ein. Nicht zu vergessen gibt es zahlreiche Einkehrmöglichkeiten für hungrige und durstige Wanderer! Und da ist sie wieder in Gestalt der „Gaststub zr Bimmelbah" unweit des Neudorfer Bahnhofs.

Um das zu steigern, sei dem entspannten Reisenden die Anfahrt per Bahn von Flöha aus durchs romantische Zschopautal ans Herz gelegt, um in Cranzahl von der Normalspur der Strecke Annaberg-Buchholz–Weipert (tschech. Vejprty) zur Schmalspur zu wechseln. In den Sommermonaten ist die Fahrt bei einer

Geschwindigkeit von 25 km/h im offenen Aussichtswagen vermutlich der größte Genuss, erst recht beim Überfahren des 110 m langen und 23 m hohen Hüttenbachviadukts (saniert 2004/2005) kurz vor dem Ende der rund einstündigen Bahnfahrt. Und die müden Wanderer können die Unterwegshalte zum Ein- und Aussteigen nutzen und die Bahnstrecke wirklich von allen Seiten und aus allen Blickwinkeln erleben. Heute fahren die Dampfloks aus den 1920er und 1950er Jahren auf der traditionsreichen Strecke. Und wer neugierig geworden ist, dem seien die zahlreichen jährlichen Sonderfahrten ans Herz gelegt: sei es die „Dampf- und Räuchertour" oder eine der begehrten Mondscheinfahrten. Natürlich gibt es auch Werkstattführungen mit den begehrten Blicken hinter die Kulissen. Zum Beispiel wenn die Dampfloks nach 40 Tagen Dienst inspiziert werden, dabei die Waschluken geöffnet werden und der Kessel ausgewaschen wird oder anlässlich einer Hauptuntersuchung, wenn eine Lok in ihre Einzelteile zerlegt wird. Nach der Fahrt lohnt auf jeden Fall ein kurzer Abstecher zum Kundenbüro und Souvenirshop der SDG Sächsischen Dampfeisenbahngesellschaft mbH in Oberwiesenthal.

Parkeisenbahn

Dresden

Lage:	Parkeisenbahn Dresden, Lennéstraße 5, 01219 Dresden
Kursbuchstrecke:	12249
Bau:	1950/51
Eröffnung:	01. Juni 1950
Strecke:	Rundkurs – Große Runde 5,6 km; Kleine Runde 4,4 km
Streckenlänge:	7,2 km
Spurweite:	381 mm
Weichen:	20
Stationen:	(5) Straßburger Platz; Zoo; Carolasee; Karcherallee; Palaisteich
Loks:	(4) 2 Dampfloks (03 001; 03 003) von 1925 – Lisa und Moritz; 2 Elektroakkloks (EA 01) von 1962 u. (EA 02) von 1982
Personenwagen:	(35) Traditionswagen 4 und 7 Bj. 1925; 10 Personenwagen Bj. 1960/61; 11 Personenwagen Bj. 1969/71; 8 Personenwagen Bj. 1982; 4 geschlossene Personenwagen Bj. 1996
Besonderheiten:	u. a. Traglastenwagen und Hochzeitswagen von 2009
Güterwagen:	(4) Güterwagen mit Bordwänden Bj. 1974; Flachwagen Bj. 1995; Gerätewagen Bj. 2007 und gedeckter Güterwagen Bj. 2010
Nebenfahrzeuge:	(10) u. a. Muldenkipper (Umbau 1995); Schienenmoped SKL-1 Bj. 1997; Schneepflug Bj. 1999
Kontakt:	**www.dresdner-parkeisenbahn.de**

Die wohl innerstädtisch schönste und zugleich älteste Parkeisenbahn Sachsens liegt inmitten des Großen Gartens in Dresden. 2025 feierte sie ihren 75. Geburtstag und kann darüber hinaus auf ältere Parkeisenbahnen an gleicher Stelle zurückblicken. Doch während die beiden ersten jeweils temporär mit der II. Internationalen Hygiene-Ausstellung Dresden 1930/31 und der Reichsgartenschau 1936 verbunden waren, entstand die Parkeisenbahn 1950 vor ganz neuem Hintergrund. Eine Kindereisenbahn sollte den Kindern jenseits der trostlosen Trümmerlandschaft im Stadtzentrum sorglosere Stunden inmitten des Stadtgrüns bereiten!
Anlässlich des allerersten Internationalen Tags des Kindes am 1. Juni 1950 wurde die zunächst nur 1,3 km lange Strecke eingeweiht. Betrieben werden konnte die Bahn dank der im Zweiten Weltkrieg in die Feldbahnwerkstätten nach Cunnerdorf evakuierten drei Dampfloks und der ebenfalls dort deponierten 20 Wagen. Die so genannten Martensschen Einheitsliliputloks feierten 2025 ein zweites Jubiläum. Vor 100 Jahren waren

---

Dampflok „Moritz" im Großen Garten in Dresden

die ersten drei der bis 1950 gebauten 15 Liliputloks nach Plänen von Roland Martens im Maßstab 1:3 bei Krauss & Co. in München entstanden. Sie orientierten sich dabei an den großen Vorbildern der Einheitslokomotiven (Baureihen 01 / 03), ohne sie zu kopieren. Die Spurweite liegt bei 381 mm. Erster Einsatz war 1925 die Deutsche Verkehrsausstellung in München. Für den neuerlichen Einsatz in Dresden 1950 wurden die drei Loks in Leipzig-Engelsdorf und die Wagen beim Waggonbau Görlitz instandgesetzt.
Die Bahnstrecke führte über jeweils zwei Wendeschleifen und eine Ausweiche vom heutigen Straßburger Platz bis zum Zoo und verfügte an der Herkulesallee sogar über eine hölzerne Schranke sowie einen kleinen Tunnel. Von Beginn an waren die Kinder von den Dresdner Verkehrsbetrieben mit einbezogen worden. Einen Einschnitt brachte der Sommer, als die Fahrzeuge und Wagen nach Erfurt zur Internationalen Gartenbauausstellung (IGA) verliehen wurden. Im Oktober kehrten sie nach Dresden zurück und der Betrieb ging kurzzeitig weiter. Dann sollte auch diese Eisenbahnstrecke abgebaut werden. Doch die Verkehrsbetriebe hatten die Rechnung ohne die enthusiastischen Dresdner Kinder gemacht!

Das Zauberwort hieß Pioniereisenbahn und hatte sein Vorbild in der damaligen Sowjetunion. Um ihr Ziel zu erreichen, fuhren drei Schulkinder und zwei Vertreter der FDJ-Kreisleitung zum ZK-Vorsitzenden Walter Ulbricht nach Berlin, dem seinerzeit mächtigsten Mann der DDR. Er stand dem Zentralkomitee der SED vor. Die Dresdner Delegation konnte Ulbricht begeistern und auch die Dresdner Bevölkerung zeigte sich wohlwollend. So war der Weg zur ersten Pioniereisenbahn auf dem Gebiet der DDR frei. Die Strecke wurde auf 5,6 km vergrößert. 1975 vermerkte der Brockhaus-Stadtführer Dresden, dass „über 300 Thälmannpioniere [...] selbständig Dienst auf den fünf Bahnhöfen" leisteten. Zwei der drei Dampfloks mit den Namen „Lisa" und „Moritz" – waren in Dresden verblieben, dazu kam eine Elektro-Akku-Lok mit weiteren zehn Wagen, sodass drei Loks und 21 Wagen jährlich zwischen April und Oktober im Einsatz waren. Die Deutsche Reichsbahn stellte die Lokführer und Bahnhofsleiter als Betriebseisenbahner, die Stadt Dresden betrieb die Strecke. Im ersten Jahr wurden bereits 295.000 Fahrgäste gezählt, die nun auch am Carolasee, Palaisteich oder der Karcherallee ein- und aussteigen konnten. 1982 erhielt die Pioniereisenbahn anlässlich des Siebten Pioniertreffens eine zweite Elektro-Akku-Lok (EA 02) und acht Wagen als Geschenk der Deutschen Reichsbahn. Auch die Sicherungstechnik wuchs. Zu den elektrisch nachgerüsteten Formsignalen kamen Lichtsignale und Gleisbildstellpulte sowie elektrische

---

Dampflok „Lisa“ im Großen Garten

Weichen – eben wie beim großen Vorbild! Nach 1990 wurde aus der Pionier-, die Dresdner Parkeisenbahn. Sie gehört seit 1993 dem Freistaat Sachsen und wird vom Schlösserland Sachsen – der Staatlichen Schlösser, Burgen und Gärten Sachsen gGmbH betreut. Tatkräftige Unterstützung bietet der 1992 gegründete Förderverein Dresdner Parkeisenbahn e. V.

Pünktlich zum Jubiläum 2025 wurde der 2000 errichtete Bahnhof Straßburger Platz generalüberholt. Die Architekten um Alexander Poetzsch orientierten sich bei ihrer Gestaltung des neuen Schalters und der Sitzmöbel an historischen Bahnhofsarchitekturen. Derartig eingestimmt können die kleinen und großen Fahrgäste die Eisenbahn in ihrer wundervollen Umgebung genießen. Und 2025 schaute das Maskottchen Parkolino einmal öfter vorbei, auch um den bis heute jährlich rund 35 angehenden Parkeisenbahnerinnen und Parkeisenbahnern über die Schulter zu schauen. Rund 200 sind alljährlich im Großen Garten aktiv. Zukunftssorgen muss sich hier keiner machen. Warum auch, wenn der Arbeitsort und das Arbeitsumfeld eine derart harmonische Symbiose eingehen. Der Große Garten ist ja auch nicht irgendein Park. Mit 1,8 km^2 ist er nahezu doppelt so groß wie sein etwa zeitgleich entstandener Namensvetter in Hannover-Herrenhausen. Mittelpunkt bildet früher wie heute das stattliche Palais, umsäumt von den Kavalierhäusern und dem Palaisteich. Es gilt den Koniferen-, Stauden oder Dahliengarten zu entdecken bzw. Station am Zoo oder dem malerischen Carolasee zu machen. Und die Wege werden kürzer dank der Dresdner Parkeisenbahn. Die Rundfahrt bietet in 35 Minuten rund 350 Jahre lebendiger sächsischer Geschichte, Natur, Kunst und Kultur!

Mehr Infos unter:

https://www.grosser-garten-dresden.de/ und

https://www.dresdner-parkeisenbahn.de

Weißeritztalbahn

Freital–Kurort Kipsdorf

Lage:	SDG Sächsische Dampfeisenbahngesellschaft mbH Weißeritztalbahn, Dresdner Straße 280, 01705 Freital (Besucheranschrift)
Kursbuchstrecke:	513
Bau:	16. Juli 1881 (erster Spatenstich); 1881/1882
Eröffnung:	1. November 1882 (Freital-Hainsberg–Schmiedeberg); 3. September 1883 (Schmiedeberg–Kurort Kipsdorf)
Streckenlänge:	26,335 km
Spurweite:	750 mm
Stationen:	(13) Freital-Hainsberg; Freital-Coßmannsdorf; Rabenau; Spechtritz; Seifersdorf; Malter; Dippoldiswalde; Ulberndorf; Obercarsdorf; Schmiedeberg-Naundorf; Schmiedeberg; Buschmühle; Kurort Kipsdorf
Höhenunterschied:	350 m
Loks:	(29) für drei Schmalspurbahnen (Stand: April 2025); u. a. Lok-Nr. 99 1608–1 Baureihe: 99 51–60 (IV K) von 1921 (auch in Radebeul)
Personenwagen:	(2) 970-411 (1922); 970-001 (1929)
Kontakt:	**www.weisseritztalbahn.com**

Das geflügelte Wort „das Leben mit allen Sinnen [zu] genießen“ könnte bei der Wanderung zur „Energie des Wassers“ entlang der Weißeritztalbahn glatt gelingen! Über zehn km führt die Route von Freital-Coßmannsdorf durch den Rabenauer Grund bis zur Talsperre Malter. Bahnenthusiasten können ihrer Strecke ganz nah sein, ideal für Fotos in passender Szenerie! Das perfekte Idyll, so scheint es, wäre da nicht der Schicksalstag des 12. August 2002 gewesen, als eines der vier Elemente gewaltig zuschlug. Die ungeheuren Regenmengen von über 300 l pro m^2 verwandelten die Rote Weißeritz in kurzer Zeit in einen reißenden, unberechenbaren Fluss. Die Bahnstrecke bot tags darauf ein Bild des Grauens: Unterspülte Gleise, umgestürzte Bäume, zerstörte Häuser. Das Wasser hatte in seiner ganzen Gewalt etwa 50 % der 26 km langen Bahnstrecke zerstört. Vor den Verantwortlichen lag eine Mammutaufgabe!

Der Wiederaufbau der Gesamtstrecke erfolgte in zwei Bauabschnitten: bis Dezember 2008 zwischen Freital-Hainsberg und Dippoldiswalde und bis 17./18. Juni 2017 auf dem Abschnitt Dippoldiswalde-Kurort Kipsdorf. Eine Meisterleistung aller Verantwortlichen!

Ursprünglich war die heute zweitälteste Schmal-

Weißeritztalbahn auf der Bormannbrücke der Talsperre Malter

spurstrecke im Freistaat innerhalb von 26 Monaten entstanden, ebenfalls in zwei Bauabschnitten Hainsberg-Schmiedeberg und Schmiedeberg-Kipsdorf (1881–1883). 38 Brückenbauwerke waren zu errichten, sodass die Vertreter Rabenaus vom „teuersten Bahnbau Europas" sprachen und erst spät den Wert für die heimische Stuhlindustrie erkannten. Tatsächlich gehört auch dieses Deutsche Stuhlbaumuseum zur Wanderroute (**www.deutsches-stuhlbaumuseum.de**). Der 100 m tiefe Taleinschnitt des Rabenauer Grundes steht seit 1961 unter Naturschutz. Er ist ein beliebtes Naherholungsgebiet, das bis in die Region

Weißeritztalbahn mit offenem Personenwagen

der Talsperre Malter (84 ha; 9,2 Mio. m^3 Gesamtstauraum) heranreicht. Die wurde 1908 bis 1913 vornehmlich als Bauwerk des Hochwasserschutzes und für die Brauchwasserbereitstellung errichtet. Tatsächlich hatte ein Hochwasser 1897 320 Häuser zerstört. 19 Menschen fanden dabei den Tod.
Durch den Talsperrenbau musste ein Teil der Strecke neu trassiert werden: Spechtritz-Dippoldiswalde (1907–1912). 1924 folgte der Abschnitt Obercarsdorf-Buschmühle, wo das Gleis zuvor im Straßengrund gelegen hatte. Bis heute hat sich an der Beliebtheit der

Strecke nichts geändert. Zwar wurde 1994 der Güterverkehr eingestellt, doch kann man mit der Weißeritztalbahn heute noch täglich alle Orte an der Strecke erreichen. Sie ist nach wie vor Teil des öffentlichen Betriebs. Die 90 Minuten Fahrtzeit sind ein wahrer Genuss, zumal dann, wenn die Züge dampfbespannt sind und sich jedermann daran erfreuen kann! Seit 2004 ist die BVO Bahn GmbH Betreiberin der Strecke, die seit 2007 den stolzen Namen SDG Sächsische Dampfeisenbahngesellschaft mbH trägt. Dazu gehören auch Fichtelberg- und Lößnitzgrundbahn. Alle vereint verfügen über einen beträchtlichen Bestand an Loks und Wagen. Und natürlich gibt es auch hier zahlreiche Sonderfahrten und man staune: geführte Wanderungen! Und immer wieder führen die in den Rabenauer Grund. Wenn es nicht gerade in Strömen regnet, kann es doch ein so beschaulicher, romantischer Ort sein! Erst recht, wenn es dabei auch noch dampft!
Die SDG mbH legt gemeinsam mit dem Verkehrsverbund Oberelbe eine Wanderkarte mit getesteten Wanderungen und den Routen nahegelegenen Ausflugstipps auf. Die Karte ist in den Fahrkarten- und Souvenirverkäufen in Freital und Dippoldiswalde sowie beim Zugpersonal kostenfrei erhältlich.

Oldtimer Parkeisenbahn

Görlitz

Lage:	Görlitzer Oldtimer Parkeisenbahn e. V., An der Landskronbrauerei 118, 02826 Görlitz Einzige ehemalige Pioniereisenbahn mit dem historischen Zug von 1835 (Nürnberg-Fürth)
Kursbuchstrecke:	12252
Bau:	1975/1976
Eröffnung:	1. Juni 1976
Strecke:	Rundkurs mit Abzweig zum Lokschuppen und der Abstellanlage
Streckenlänge:	0,665 km
Spurweite:	600 mm
Stationen:	(1) Freizeitpark
Loks:	(3) Diesellok 001 „Adler" Bj. 1976 nach dem Vorbild von 1835; Diesellok LDI-45N Bj. 1980; Akkulok EL 9-17 Bj. 1982
Personenwagen:	(6) 002 bis 007 Bj. 1976 beim Waggonbau Görlitz
Kontakt:	**www.goerlitzerparkeisenbahn.de**

Der Name ist Programm: „Görlitzer Oldtimer Parkeisenbahn". Dahinter verbirgt sich eine ehemalige Pioniereisenbahn in „historischem Gewand", genauer in Gestalt der bayerischen Ludwigseisenbahn von Nürnberg nach Fürth von 1835 mit dem Adler und je drei offenen und gedeckten Personenwagen. Der Standort im ehemaligen Pionierpark am Weinberg, hinter der Landskron Brau-Manufaktur, könnte nicht besser gewählt sein. Nur einen Katzensprung entfernt fließt die Görlitzer Neiße und unterquert dabei den stattlichen 35 m hohen und 475 m langen Neißeviadukt der Bahnstrecke Breslau (Wroclaw)–Kohlfurt (Wegliniec)–Görlitz. Hier eine der größten und ältesten Eisenbahnbrücken Deutschlands, dort jene Oldtimer Parkeisenbahn als Miniaturkopie der ältesten deutschen Eisenbahn, die in dieser Art ihresgleichen sucht. Das Ganze ist eingebettet in eine Parklandschaft und einen Grünzug, den man idealerweise vom Weinbergturm aus überblickt. Die maßgeblich von Hans-Rüdiger Eulitz initiierte Strecke wurde am 1. Juni 1976 auf einem 0,8 km langen Rundkurs mit einem Kurvenradius von 40 m als elfte und jüngste Pioniereisenbahn der DDR eröffnet. Der umschließt auch das 1901 enthüllte Oettel-Denkmal, das an den Görlitzer Kaufmann und Begründer der deutschen Rassegeflügelzucht Karl Robert Oettel (1798–1884) erinnert. 96 Betriebe halfen ab 1975 das aufwendige Projekt umzusetzen, bei dem Gleismaterial der Muskauer Waldeisenbahn zum Einsatz kam. Die Radreifen kamen aus Ilsenburg und eine Dreherei aus Görlitz lieferte die Speichen. Die beiden

Fässer für den Tender des Adlers kamen aus Mecklenburg nach Görlitz. In Görlitz entstanden der 8,8 kW (12 PS) Motor und die Personenwagen. Sowohl Vertreter der Bahnmeisterei Görlitz, als auch Freiwillige verlegten die Schienen. Das Besondere war die Uniform, die sich in Görlitz ebenfalls von der anderer Pioniereisenbahnen abhob und sich am Vorbild der Uniform von 1835 orientierte: auch sie ein Görlitzer Erzeugnis, sozusagen maßgefertigt für diese besondere Strecke. Die erhielt ebenfalls eine Postmeilensäule – freilich eher eine sächsische Reminiszenz im niederschlesischen Görlitz, aber ein durchaus sympathischer Gedanke. Und diese gegenüber vom Bahnhof aufgestellte Säule erhielt die Aufschriften der vier ersten Eisenbahnstrecken der Welt: Stockton-Darlington (1825); Liverpool-Manchester (1830); Nürnberg-Fürth (1835) und Leipzig-Dresden (1839). Von Beginn an gehörte ein mit zwei Gleisen ausgestatteter, 28 m langer Lokschuppen zur neuen Eisenbahnstrecke. Er war bereits für einen zweiten Zug vorgesehen. Mit der Eröffnung der Bahnstrecke wirkten rund 70 Schülerin-

---

Diesellok 001 „Adler" (Bj. 1976) mit dem Traditionszug

nen und Schüler am neuen Rundkurs mit, jeweils unterstützt von der hauptamtlichen Fachkräften der Deutschen Reichsbahn, die als Lokführer wirkten. Mit dem Ende der DDR wandelte sich der Name „Oldtimer Pioniereisenbahn Görlitz“ in „Görlitzer Oldtimer Parkeisenbahn e. V.“. Seit Mai 1993 liegt auch die Betriebsführung beim Verein, der seinerseits neben einer in Rumänien gebauten Diesellok 2019 eine Akkulok samt vier Wagen aus Halle / Saale übernahm. Der zweigleisige Schuppen war dafür zu klein geworden und konnte bis Ende 2022 um ein drittes Gleis samt entsprechendem Anbau erweitert werden.
Unter den zahlreichen Partnern des Vereins finden sich auch ODEG und trilex, dazu die Görlitzer Verkehrsbetriebe GmbH. Die Görlitzer Oldtimer Parkeisenbahn ist Teil der Dampfbahn-Route Sachsen und beförderte allein in 2024 an 78 Betriebstagen 12.831 Personen auf 827 Rundfahrten und 550 Streckenkilometern. Ein Highlight ist der alljährliche „Tag der offenen Tür“, bei denen es auch Fahrten mit dem Schienenmoped gibt!

Schwarzbachbahn

Goßdorf-Kohlmühle-Hohnstein

Lage:	Schwarzbachbahn e. V., Am Kohlichtgraben 16, 01848 Hohnstein/OT Kohlmühle
Kursbuchstrecke:	165f (1951)
Bau:	1896/97
Eröffnung:	28. April 1897
Streckenlänge:	12,1 km
Spurweite:	750 mm
Loks:	(2) IVK 99 585–1 – Leih-Dampflok aus Schönheide; Diesellok V10C 199 312
Wagen:	(10) u. a. Traglastwagen K1134; Großfensterwagen K373; Personenwagen K1616; Gepäckwagen K2009; Güterwagen Gattung OO
Kontakt:	**www.schwarzbachbahn.de**

„Das Finanz-Ministerium hat beschlossen, die schmalspurige Nebeneisenbahn von Kohlmühle nach Hohnstein bei Schandau am 1. Mai 1897 dem allgemeinen Verkehre zu übergeben.“ In seiner Bekanntmachung Nr. 23 vom 29. April 1897 wies das Ministerium mit Blick auf Tarife und Fahrpläne auf die Betriebsleitung durch die Staatseisenbahnen hin. Bis zur Eröffnung war es ein langer Weg über mehr als ein Vierteljahrhundert. Um 1870 hatte die Gemeinde einen

Reisende in historischer Kleidung (um 1900)
im Bahnhof Lohsdorf

ersten Appell an den Landtag gerichtet und auf die schlechte Anbindung Hohnsteins erinnert. 1883 folgte eine erste Anfrage zum möglichen Bahnanschluss, 1888 eine erste Petition und im Oktober 1889 eine zweite. Das Zauberwort der Zeit hieß auch hier „Sekundärbahn", um den vom wirtschaftlichen Aufschwung abgehängten Regionen durch die Eisenbahn eine Anbindung an die regionalen und überregionalen Märkte zu ermöglichen. Doch den ökonomischen Interessen der Stadt und Region um Hohnstein standen ausgerechnet die Einwände des Prinzen und nachmaligen Königs Georg (1832–1904) entgegen, der die Romantik des Polenztales gefährdet sah. Die Auseinandersetzungen zu einem möglichen Streckenverlauf zogen sich Jahre hin, begleitet von den widerstreitenden Interessen der betroffenen Rittergutsbesitzer und ihrer Ländereien. Im Juli 1893 schien die Situation derart verfahren, dass das Eisenbahnprojekt endgültig zu kippen drohte. Allerdings war die Strecke durch das Schwarzbachtal mittlerweile vermessen worden, waren Zeit und Geld investiert. Der Ulbersdorfer Rittergutsbesitzer von Carlowitz hatte diesen Streckenverlauf vorgeschlagen.

1894 kam die erlösende Nachricht aus Dresden: „Bahnvorlage Hohnstein-Kohlmühle soeben einstimmig bewilligt!" (vgl. Preuß, Schmalspurbahnen der Oberlausitz, S. 112)

Ein Dreischienengleis wie in Wolkenstein wurde im Bahnhof von Goßdorf-Kohlmühle nicht realisiert. Hier zweigte die neue Strecke von der Bahnstrecke Bautzen-Bad Schandau (Sebnitztalbahn) ab und erhielt dafür einen eigenen Gleiskörper. Die Bauzeit der 12,1 km langen Strecke über Lohsdorf und Ehrenberg betrug ein Jahr. In dieser Zeit entstand die Trasse mit zahlreichen Brücken und zwei Tunneln.

Auf der neuen Strecke fuhren täglich bis zu fünf Zugpaare. Nach Hohnstein gelangte man mit der Bahn von nun an erstklassig, denn die Postkutschenverbindung von (Bad) Schandau aus, wurde wenige Wochen nach Inbetriebnahme der Strecke aufgehoben. Tatsächlich konnte man die Landstadt nur mit Wagen der zweiten und dritten Klasse erreichen. In den ersten Jahren wurden je Fahrt zwei zweiachsige Personen- und ein Gepäckwagen, ab 1910 ein bis zwei vierachsige Personenwagen eingesetzt. Den Zweiten Weltkrieg überlebte die Bahnstrecke. Allerdings blieb danach nurmehr eine betriebsfähige Lok (99 555), sodass die Züge nur werktags verkehren konnten. 1949 bis 1951 erfolgte auch wieder Sonntagsverkehr – bis zum 27. Mai 1951. Ab 28. Mai 1951 wurde die Strecke abgebaut, um Schienenmaterial für den Berliner Eisenbahnring zu gewinnen, so die offizielle Begründung! Tatsächlich fanden vom 5. bis 19. August 1951 die III. Weltfestspiele der Jugend in Ost-Berlin statt, mit 26.000 Teilnehmenden aus 104 Ländern, doch die Hohnsteiner Schienen waren für den Berliner Ring nicht geeignet! Sie konnten nicht verwendet werden und ihr Verbleib ist unbekannt! Der Abbau des

Gleismaterials der bis heute weitgehend erhaltenen Strecke dauerte bis August 1951. Im Bewusstsein der Eisenbahnenthusiasten lebte die Strecke aber weiter! 1995 gründete sich der Verein Schwarzbachbahn e. V. mit dem Ziel, die komplette Bahnstrecke wiederaufzubauen. Dem Begehren standen ausgerechnet naturschutzrechtliche Bedenken der Landesdirektion Sachsen entgegen. So gingen der „ausgeprägte Ruhe-

Schwarzbachbahn mit Lok 99 608

charakter, die Störungsarmut sowie die Unzerschnittenheit des Schwarzbachtals [...] absehbar verloren." (Medieninformation der Landesdirektion Sachsen 089/2019 vom 21.11.2019) Und dies betrifft vor allem den wesentlichen rund 1 km langen Abschnitt zwischen Goßdorf-Kohlmühle und Lohsdorf.

Der Verein hat seit 2001 seinen Mittelpunkt auf dem Bahnhofsgelände von Lohsdorf gefunden, wo bis 2006 auch das neue alte Bahnhofsgebäude – umgesetzt aus Unterehrenberg - restauriert und ausgebaut steht. Von hier aus finden von Juli bis Oktober an den Wochenenden Fahrten auf einem 1,5 km langen Streckenabschnitt Richtung Unterehrenberg statt. Blickfang ist dabei die Dampflok 99 585 der Museumsbahn Schönheide, die per Leihvertrag zunächst bis 2040 in Lohsdorf verbleibt. Alljährlicher Höhepunkt ist das Bahnhofsfest in Lohsdorf Ende August. Das Vereinsheim befindet sich heute im Bahnhof von Goßdorf-Kohlmühle am Ausgangspunkt der Schwarzbachbahn.

Parkeisenbahn Auensee

Leipzig

Lage:	Parkeisenbahn Auensee Leipzig e. V., Gustav-Esche-Straße 8, 04159 Leipzig
Kursbuchstrecke:	12251
Bau:	1950/51
Eröffnung:	5. August 1951
Strecke:	Rundkurs
Streckenlänge:	1,87 km
Spurweite:	381 mm
Weichen:	(7) Form EW 18-25 1:6
Stationen:	(4) Auensee; Gustav-Esche-Straße; Haus am See; Elsteraue
Loks:	(2) Dampflok 03 002 (Dresdener Pioniereisenbahn) von 1925; Elektroakkulok (Basis: Feldbahndiesellok Typ NS 1b der Muskauer Waldeisenbahn) von 1958 (Umbau 1995)
Personenwagen:	(8) Nr. 5–12 (Baujahr 1988/89) für 16 Erwachsene oder 24 Kinder
Technischer Betriebswagen:	(1) Nr. 13 (Baujahr 1988)
Kontakt:	**www.parkeisenbahn-auensee-leipzig.de**

Die ehemalige Pioniereisenbahn Leipzig – heute Parkeisenbahn Auensee e. V. – war die zweitälteste der DDR und konnte am 5. August 1951 eröffnet worden. Der zwischen Weißer Elster und Luppenflutrinne gelegene Auensee gehörte schon früh zu den beliebten Naherholungsgebieten der Leipziger. Er war aus einer Kiesgrube hervorgegangen und sollte sich zum Zentrum eines jener beliebten Vergnügungsparks entwickeln, wie sie heute noch mit dem Kopenhagener Tivoli oder Wiener Wurstelprater bestehen. Am 13. Oktober 1913, rund eineinhalb Jahre nach Gründung der „luna-park GmbH", hatte die Parkgesellschaft die Genehmigung zum Betrieb einer ersten Parkeisenbahn – offiziell „Vergnügungs- und Szeneriebahn" – mit 600 mm Spurweite erhalten. Sie bestand mit dem klangvollen Namen „Luna-Express" samt Park bis zur Weltwirtschaftskrise und wurde in der Folge 1932 aufgelöst. Eine letzte Betriebsgenehmigung der Bahnstrecke erfolgte 1933.

Vom Lunapark erhalten blieb als wichtiger Teil der Infrastruktur das ehemalige Hauptrestaurant – seit 1936 „Haus Auensee". 1941 kam das gesamte Gelände in den Besitz der Stadt Leipzig. Das Gebiet war derartig beliebt, dass hier nach Ende des Zweiten Weltkrieges ein „Volkspark am Auensee" geplant war, der nach Ansichten der FDJ-Leitung Leipzig mittels einer neuen Pioniereisenbahn erschlossen werden sollte, weit größer als heute existent. Der kühne Plan sah die Verbindung des Rings um den Auensee mit dem Bahnhof Leipzig-Leutzsch vor, auf einer Länge von 3,8 km und einer Spurweite von 600 mm. Aller-

Auenseebahn mit Dampflok 03 002 im Herbst 2021

dings ergaben sich bei den Vermessungsarbeiten Schwierigkeiten bei der Überbrückung der Luppe und der Flutrinne, so dass die Anbindung an der Leutzscher Bahnhof unterblieb und lediglich der 1,9 km lange Ring um den Auensee entstand.
Den Betrieb sicherte von Beginn an die 1925 in München bei Krauss & Co. gebaute Liliput-Dampflokomotive 03 002 der ehemaligen Firma Brangsch in Leipzig.

Lokschuppen mit Dampflok 03 002 und Elektroakkulok im Herbst 2022

Zuvor hatte sie nach dem Krieg ihren ersten Einsatz zur Eröffnung der Kindereisenbahn in Dresden. Die 30 km/h schnelle, 8,1 Tonnen schwere Lok und einer Leistung von 22,05 kW (30 PS) erhielt vier offene Wagen. Zur Jungfernfahrt 1951 fuhr sie mit der dort zugelassenen Höchstgeschwindigkeit von 20 km/h den ersten Rundkurs. Die vier elektrischen Weichen und zwei Lichtsignale wurden vom Bahnhof „Junger Pionier" über ein originales Gleisbildstellwerk der Bauart SIB Babelsberg gesteuert. Wie in Dresden konnte die Lokomotive mit ihrer Achsfolge 2'C1' Gleisbögen mit

20 m Radius befahren. Die Lokomotive wurde 1965 mit einen neuen Schwarzen Anstrich und Witte-Windleitblechen sowie Puffern versehen und dadurch an das Vorbild der Baureihe 03 der Deutschen Reichsbahn angepasst.

1989 erhielt die Pioniereisenbahn acht neue Personenwagen, die 1988/89 im RAW Dresden entstanden waren. Im Gegenzug wurden zwei der vier Personenwagen von 1925 nach Dresden abgegeben und zwei andere verschrottet.

Damit konnte die Anzahl der Personenbeförderung schlagartig verdoppelt werden. Die Anzahl von jeweils 16 Erwachsenen oder 24 Kindern / Wagen blieb dabei bestehen. Mit den acht neuen Personenwagen gelangte auch der 1988 gebaute technische Betriebswagen mit der Druckluftbremse nach Leipzig. Er war ebenfalls im RAW Dresden entstanden.

Aktuell betreibt der Förderverein Parkeisenbahn Auensee e. V. Leipzig die Anlage. Den Fahrzeugpark komplettiert seit dem 26. Mai 1995 die Akkulokomotive 1. Die frühere Feldbahndiesellok der Muskauer Waldeisenbahn (Typ NS 1b) war 1958 beim LKM Babelsberg gebaut und 1995 in der DB-Werkstatt Halle / Saale zu einer zweiachsigen Akku-Lok der Achsfolge B aufgebaut worden. Sie verfügt über eine Fahrspannung von 80 Volt und eine Leistung von 8 KW. Ihre Höchstgeschwindigkeit liegt bei 13,5 km/h. Im Mai 1990 wurde das alte Gleisbildstellwerk durch ein neues Gleisbildstellwerk ersetzt.

Bis 1999 wurden auf den Auenseebahn über 5 Mio große und kleine Fahrgäste befördert. Noch immer besteht ein Bezug zur „großen" Eisenbahn. So gehören die DB Regio Südost und DB InfraGO zu den Partnern der Leipziger Auenseebahn.

Döllnitzbahn „Wilder Robert“

Schmalspurbahnen in Mügeln

Lage:	Döllnitzbahn GmbH, Bahnhofstraße 6, 04769 Mügeln

Schmalspurbahn Oschatz-Mügeln-Döbeln

(heute bis Mügeln) – öffentlicher Verkehr / Schülerverkehr

Kursbuchstrecke:	502
Bau:	1884/85
Eröffnung:	7. Januar 1885 (Oschatz-Mügeln)
Streckenlänge:	30,91 km, noch 12 km in Betrieb
Spurweite:	750 mm
Stationen:	(12) Oschatz Hbf.; Oschatz, Lichtstraße; Oschatz, Körnerstraße; Oschatz Süd; Kleinforst Rosensee; Altoschatz-Rosenthal; Thalheim-Kreischa; Naundorf; Schweta, Gasthof; Schweta Bhf.; Mügeln-Flocke; Mügeln Bhf.

Schmalspurbahn Mügeln-Neichen

(heute bis Glossen)

Kursbuchstrecke:	502
Bau:	1884/85 und 1887/88
Eröffnung:	1888
Streckenlänge:	23,9 km, noch 6 km in Betrieb
Spurweite:	750 mm
Stationen:	(5) Mügeln Bhf.; Mügeln Stadt; Altmügeln; Nebitzschen; Glossen

Schmalspurbahn Nebitzschen-Kroptewitz

(heute bis Kemmlitz)

Kursbuchstrecke:	502
Bau:	1902/03
Eröffnung:	3. August 1903
Streckenlänge:	6,31 km
Spurweite:	750 mm
Besonderheit:	einzige als Schmalspurbahn errichtete Industriebahn in Sachsen
Stationen:	(3) Nebitzschen; Kemmlitz Ort; Kemmlitz Bhf.
Dampfloks:	(3) 99 1561-2, Bj. 1909/1967; 99 1574-5, Bj. 1912/1964; 99 1584-4, Bj. 1912/1964
Dieselloks:	(4) 199 030, Bj. 1940, ex ÖBB 2091.010; 199 031, Bj. 1940, ex ÖBB 2091.012; 199 032, Bj. 1957, ex DR 199 008; 199 034, Bj. 1981, ex PKP
Triebwagen (v. a. Schülerverkehr):	(1) VT 137 515, Bj. 1995
Kontakt:	**www.doellnitzbahn.de / www.wilder-robert.de**

Die Strecke Oschatz–Mügeln–Kemmlitz „ist für Eisenbahnfreunde und -touristen noch von großem Wert, da sie die einzige verbliebene des ehemals größten Schmalspurnetzes Sachsens ist und der Bahnhof Mügeln [...] mit seinen 5 Bahnsteigen und über 30 Gleisen zu den größten Schmalspurbahnhöfen Europas zählte." Als Hans Joachim Kirsche diese Zeilen

1980 in seinem „Bahnland DDR“ (ebd., S. 180) schrieb, diente das Gleisnetz vor allem dem umfangreichen Güterverkehr, um das in Kemmlitz abgebaute Kaolin als Grundstoff der Keramikindustrie in die weite Welt zu transportieren. Längst hat sich die 1993 gegründete Döllnitzbahn GmbH diesem wichtigen Kapitel sächsischer Technik- und Wirtschaftsgeschichte verschrieben und im Gründungsjahr mit dem Land-

---

Triebwagen VT 137 515 (Bj. 1995)

kreis Oschatz ein Konzept für die 17 km lange Strecke Oschatz-Mügeln-Kemmlitz entwickelt. 1995 übernahm die Döllnitzbahn den Schülerverkehr zwischen Altmügeln und Oschatz und ist damit seit 2004 auch Teil des Mitteldeutschen Verkehrsverbunds (MDV). 2006 konnte die 1972 stillgelegte und nunmehr neu aufgebaute Strecke nach Glossen wiedereröffnet werden. Vornehmlich für den Schülerverkehr ist seit Dezember 2017 der 1995 entstandene Triebwagen VT 137 515 im Einsatz.

Das dichte, rund 70 km umfassende Gleisnetz um Mügeln diente ursprünglich mit den Sekundärbahnen der wirtschaftlichen Erschließung der Region. In Oschatz bestand seit 1840 eine Anbindung nach Leipzig. 1884 war mit der Strecke Döbeln–Mügeln die erste, 19,8 km lange Schmalspurverbindung geschaffen worden. Es folgten 1885 die Strecken Oschatz–Mügeln, 1888 Mügeln–Neichen, Oschatz–Strehla mit Elbanbindung 1891 und 1903 die Strecke Nebitzschen–Kemmlitz–Kroptewitz. Eine Besonderheit bildete die bis 1911 entstandene Schmalspurverbindung

von Döbeln über Lommatzsch nach Wilsdruff, weil sich das Mügelner Netz so mit der Region Dresden und dem Erzgebirge zu einem gewaltigen Schmalspurnetz verbinden ließ. Wie im erzgebirgischen Wolkenstein befand sich auch im Bahnhof Oschatz ein Dreischienengleis, dass die Bedienung der Zuckerfabrik mit normalspurigen Wagen und Schmalspurwagen erlaubte. Neben Kaolin wurden mit den Güterzügen vor

---

Dampflok 99 1584-4 mit einem Personenzug (2021)

Diesellok 199 031-6 mit Personenzug (2021)

allem Zuckerrüben befördert. Dampfloks der Gattung sächs. IV K waren dafür im Einsatz. Auf den zahlreichen Strecken fuhren die meisten der insgesamt 96 Exemplare bis in die 1990er Jahre. Überladerampen im Bahnhof Oschatz ermöglichten hier zudem, dass normalspurige Waggons auf Rollwagen aufgefahren werden konnten, um die Schmalspurstrecken zu befahren. Im Dezember 2019 eröffnete im Südbahnhof von Oschatz anlässlich des 150. Jahrestags der Einführung

der Postkarte das Eisenbahn-Postkarten-Museum (**www.eisenbahn-postkarten-museum.de**) seine Pforten. In der gewaltigen privaten Sammlung von Günther Hunger befinden sich natürlich auch Motive der Region. Am „Geoportal Bahnhof Mügeln" eröffnete 2019 das Besucherzentrum „Erlebniswelt Kaolin" (**www.geopark-porphyrland.de**). Ein 7,9 km langer Rundwanderweg – Georoute „Weg zum Kaolin" – lädt dazu ein den seit 1883 aktiven Kaolintagebau Schleben/Crellenhain über zwei Aussichtsplattformen und daneben auch die Stadt Mügeln kennenzulernen. Und klar, am besten lernt man die Region mit dem „Wilden Robert" kennen, wie der Dampfzug im Volksmund auch genannt wird. Zahlreiche Sonderfahrten bereichern das ganzjährige Angebot. Höhepunkte sind das Bahnhofsfest am Mügelner Bahnhof im September, Sommerfahrten zu den Stadtfesten in Oschatz und Mügeln, die beliebten Glühweinfahrten im Dezember und Januar, Oster- und Pfingstfahren und die Winterfahrten mit Musik und deftiger Suppe aus dem Kessel!

Feldbahnschauanlage Glossen

Mügeln

Lage:	Feldbahnschauanlage Glossen e. V., Zum Steinbruch 1 a, 04769 Glossen
Eröffnung (Museum):	1995
Streckenlänge:	3,5 km
Spurweite:	600 mm
Loks:	44 Loks unterschiedlichster Bauart (Stand 2025).
Wagen:	117 Wagen unterschiedlichster Bauart (Stand 2025).
Kontakt:	**www.feldbahn-glossen.de**

An der 1888 eröffneten Schmalspurbahn Mügeln-Neichen liegt Glossen bei Streckenkilometer 4,61. Vom dortigen Bahnhof verläuft ein rund 2,1 km langes Gleis zur Quarzitgrube, die bis zur Verstaatlichung 1946 zu den Quarzitsteinbrüchen der Didier Werke AG gehörte. Die Firma – heute RHI Magnesita Deutschland AG – produziert bis heute hochtemperaturfeste Spezialkeramik. Didier hatte als eines der ersten in Deutschland ab Mitte des 19. Jhs. aus Quarzkies und Quarzsand feuerfeste Schamotte hergestellt. Zu DDR-Zeiten war die Grube Glossen Teil der VEB Silikatwerke Brandis. 1994 gelang es der Ortsgemeinde, die seit 2011 Teil der Stadt Mügeln ist, das Grubengelände von der Treu-

hand zu erwerben. Im gleichen Jahr wurde es als technisches Denkmal unter Denkmalschutz gestellt.
Zum Leben erweckt wird die Anlage seitdem vom gleichfalls 1994 gegründeten Verein Feldbahnschauanlage Glossen e. V. Die Sammeltätigkeit des Vereins ist beachtlich. Neben sechs vereinseigenen Loks fahren auf dem 3,5 km umfassenden alten Werksnetz bis zu 38 Lokomotiven, die dem Verein als Dauerleihgaben

Fahrtag mit Ns2f-Lok 4 (l.) und Ns2f-Lok 1 (r.) (2020)

überlassen wurden. Bereits am Bahnhof Glossen fällt die erhaltene Umladerampe mit den Kipploren auf, die ihre Lasten von der 600 mm Spur auf die anderen Schmalspurzüge mit Spurweite 750 mm umluden. Auf dem Gelände der Quarzitgrube lädt auch das Steinbruch- und Feldbahnmuseum im früheren Sozialgebäude ein.

Hier finden die interessierten Besucherinnen und Besucher neben einer Ausstellung zur Geschichte des Steinbruchs unter anderem die H0-Clubanlage „Dürrröhrsdorf" und auch Anlagen der Vereinsmitglieder des seit 2021 in Glossen ansässigen Vereins „Modelleisenbahnclub Saxonia Dresden e. V.". Der Bahnhof am Vereinslokal „Zur Kipplore" ermöglicht den Umstieg von der Döllnitzbahn zur Feldbahn.

Großer Beliebtheit erfreuen sich die öffentlichen Fahrtage mit Personenzügen auf dem Gelände der Feldbahnschauanlage zu Ostern, Pfingsten oder zum Tag des offenen Denkmals im September. Außerdem bietet der Verein ganzjährig Sonderfahrten an. Bei den Fahrten am Tag des offenen Denkmals können die großen und kleinen Gäste den Steinbrecher und den Eimerkettenbagger erleben.

Parkeisenbahn Syratal

Plauen/Vogtl.

Lage:	Freizeitanlage Syratal Plauen, Hainstraße 1, 08523 Plauen Einzige ehemalige Pioniereisenbahn mit Fahrleitung (220 V; 15 A)
Kursbuchstrecke:	12250
Bau:	1958/59
Eröffnung:	7. Oktober 1959
Strecke:	Rundkurs/Gleisoval
Streckenlänge:	1,1 km
Spurweite:	600 mm
Stationen:	(2) Bahnhof Hainstraße; Streichelzoo
Lok:	(2) Metalist, EL 61, Bj.1959 (SDAG Wismut Zobes); EL 30-Tandem Nr. 001/002, Bj. 1985 (Betrieb für Bergbauausrüstung Aue/Straßenbahn Plauen)
Kontakt:	**www.freizeitanlage-plauen.de/parkeisenbahn**

Gleich zwei Brücken überspannen das malerische Syratal. Im Westen, schon außerhalb des Stadtgebiets von Plauen, liegt die ab 1871 errichtete, 210 m lange und 32,5 m hohe Syratalbrücke der Eisenbahnstrecke Plauen-Eger (Cheb). Sie überspannt in elf bis zu 17 m weiten Bögen das Syratal. Oberhalb der „Freizeitanlage Syratal Plauen“ liegt die 21 m hohe und 133 m lange

Friedensbrücke (Syratalviadukt). 1905 war sie von König Friedrich August III. von Sachsen als „König-Friedrich-August-Brücke“ eingeweiht worden. Mit einer lichten Weite von 90 m galt sie schon zur Bauzeit ab 1903 als technische Sensation und zählt heute weltweit zu den größten steinernen Bogenbrücken. Man könnte denken: reichlich Superlative, aber es geht noch weiter. Unterhalb der eindrucksvollen Brücke, entlang der Hainstraße, liegt die Freizeitanlage Syratal. Sie vereint ungleich mehr als die ohnehin schon beeindruckende klassische ehemalige Pionier- und heutige Parkeisenbahn. Denn hier befindet sich zugleich der 5.000 m^2 große Verkehrsübungsplatz mit seinen Minicars. Der 496 m lange Parcours ist mit 32 verschiedenen Verkehrszeichen und einer Ampelkreuzung ausgestattet. Für Kinder ab sechs Jahren ist das die nahezu perfekte und spielerischste Art der Verkehrserziehung via Auto – und natürlich ist das Umsteigen auf den Zug geradezu erwünscht! Die Kombination aus Verkehrsübungsplatz und Parkeisenbahn ist sachsenweit einmalig, vermutlich weit darüber hinaus!

Zugbetrieb mit Feldbahnlok BR 399 Ns2f von LKM (2023)

D 01

E-Lok Metalist von 1959 (2022)

Kern der heutigen Anlage war ein Trümmergrundstück am Ende des Zweiten Weltkriegs, das von der Stadt Plauen unter tatkräftiger Hilfe der Bevölkerung sukzessive in eine Grünanlage ungestaltet wurde. Die Initiative zum Bau der Plauener Pioniereisenbahn ging von den Kumpeln der Schachtanlage Zobes aus, die zur „SDAG Wismut" gehörten. Zobes, Ortsteil von Neuensalz, liegt rund 12 km östlich von Plauen und war in den 1950er und 1960er Jahren die größte Uran-Lagerstätte der Wismut. Die Kumpel setzten das Vorhaben der Pioniereisenbahn 1958/59 um, sodass die 1,1 km lange Strecke in Gestalt eines Gleisovals am 7.

Oktober 1959 – dem zehnten Jahrestag der DDR-Gründung – durch Oberbürgermeister Sieber feierlich eröffnet werden konnte. Der Bau war ein Gemeinschaftswerk von Wismut (Gleise, Waggons & Lok), Deutscher Reichsbahn (Verlegung der Gleise) und den Verkehrsbetrieben der Stadt Plauen (Setzen der 56 Stahlmasten). Die Stahlmasten waren nötig, denn die Plauener Pioniereisenbahn erhielt als einzige der damaligen DDR eine Oberleitung (220 V, 15 A) Gleichstrom. Das dafür notwendige Unterwerk nahm auch ein Bahnbetriebswerk auf. An der Hainstraße entstand ein Bahnhofsgebäude. Mit den drei vierachsigen Wagen konnten 21 Kinder und Jugendliche oder 14 Erwachsene transportiert werden. Die Drehgestell-Lokomotive entstand aus zwei Batterie-Grubenlokomotiven. Über 18 Jahre hin erfreute die Pioniereisenbahn die Plauener und ihre Gäste, dann war abrupt Schluss. Am 16. Juli 1977 wurde die Anlage aufgrund „erheblicher technischer Störungen" stillgelegt, wie die Bahnaufsicht in Dresden mitteilte. Erst Ende Mai 1984 konnte der Betrieb wieder aufgenommen werden. In den 1980er Jahren dachten die Verantwortlichen auch über eine Erweiterung des Streckennetzes nach. Dabei blieb es. Nach der politischen Wende wurde aus der Pioniereisenbahn die „Kleinbahn Syratal". Die feierte am 24. September 1994 ihr 35. Jubiläum und musste trotz neuer Lok (1995) zwei Jahre später um ihren Erhalt fürchten. Spenden und zahlreiche Unterschriftenlisten beeindruckten offenbar die letzten Vertreterinnen und Vertreter des Stadtrates. Die Bahn blieb und wurde sukzessive erneuert: neue Wagenhalle (1999), neue Brücke über die Syra (2000) und die neue EL-30 Tandem (2001) setzten Akzente, dazu ein Wagen mit Rollstuhlplatz. 2004 konnten dank großartiger Spendenaktion 400 Holzschwellen gewechselt werden. Mit der Gründung des Fördervereins Parkeisenbahn Plauen Syratal im Februar 2005 wurde ein entscheidender Meilenstein gesetzt. Im gleichen Jahr entstand der Haltepunkt Festwiese, in dessen unmittelbarer Nähe heute ein Streichelzoo und ein Spielplatz auf die jungen Gäste warten. Der eigentliche Höhepunkt war das 50-jährige Bestehen der Strecke 2009. Da rollte endlich auch die in unzähligen Stunden völlig neu aufgebaute E-Lok Metalist wieder über die „wohlvertrauten" Schienen und dies alles mit einer Lokparade am 23. August 2009. 2017 fand zudem der Stadtwerke-Erlebnistag statt, mit mehr als 3.500 Besuchern und drei Zügen, die im Vier-Minuten-Takt fuhren!

Lößnitzgrundbahn

Radebeul–Radeburg

Lage:	SDG Sächsische Dampfeisenbahngesellschaft mbH Lößnitzgrundbahn, Am Bahnhof 1, 01468 Moritzburg
Kursbuchstrecke:	509
Bau:	1883/1884 (erster Spatenstich am 20. September 1883)
Eröffnung:	15./16. September 1884
Streckenlänge:	16,49 km
Spurweite:	750 mm
Stationen:	(11) Radebeul-Ost; Weißes Roß; Lößnitzgrund; Friedewald; Friedewald Bad; Moritzburg; Cunnertswalde; Bärnsdorf; Berbisdorf; Berbisdorf Anbau, Radeburg
Höhenunterschied:	73 m (bis Dippelsdorfer Teich)
Loks:	(29) für drei Schmalspurbahnen (Stand: April 2025); u. a. Lok-Nr. 99 1608-1 Baureihe: 99 51-60 (IV K) von 1921 (auch in Freital)
Personenwagen:	970-255 (1922); 970-312 (1900) – Aussichtswagen
Besonderheit:	Teichüberfahrt bei Friedewald (höchster Punkt; 210 m langer Bahndamm)
Kontakt:	**www.loessnitzgrundbahn.de**

„Eine […] empfehlenswerte Partie ist: Eisenbahnfahrt nach Radebeul, 10 Minuten, von hier mit der

Schmalspurbahn nach Moritzburg", vermerkte der „Führer durch Dresden und das Elbgelände" unter seinen Ausflugstipps in Dresdens Umgebung 1912. Da bestand die Lößnitzgrundbahn bereits 28 Jahre und verband Radebeul mit Radeburg. 1881 bis 1884 war die 16,5 km lange Bahnlinie entstanden und am 16. September 1884 ihrer Bestimmung übergeben worden. Im Zentrum des von den Königlich Sächsischen Staatseisenbahnen umgesetzten Projekts stand seinerzeit vor allem der Güterverkehr mit der Ziegelindustrie und den Mühlengewerken einer- und mit Forst-, Land- und Teichwirtschaft andererseits. Die drittälteste Schmalspurbahn im Königreich Sachsen führte von ihrer Trassierung an durch eine vielfältig gestaltete Landschaft. Bis heute versetzt sie die immer zahlreicheren Touristen in Erstaunen: der Lößnitzgrund, die Moritzburger Kleinkuppen-

und Teichlandschaft und die heute rund 4.500 ha große Laußnitzer Heide vermitteln ein vielgestaltiges Landschaftsbild. 1913 wurden über 400.000 Reisende gezählt, die die Strecke vor allem bis zur Moritzburger

---

99 713 zieht einem Güterzug mit Personenbeförderung (Gmp) im Herbst 2017; Fotosonderzug anlässlich des Schmalspurbahnfestivals zum Streckengeburtstag 2019

Teichlandschaft erkundeten. Den Namen Lößnitzgrundbahn führt die Eisenbahnstrecke offiziell erst seit 1998. Den meisten war oder ist sie als „Grundwurm“ oder „Lößnitzdackel“ ein Begriff. Der Name bietet viele Deutungsmöglichkeiten. Nach einer haben früher einige Loks wie Hunde ausgesehen und sich bewegt wie Dackel. Die Sachsen lieben ihren Lößnitzdackel, dabei sah es im Verlauf der 125-jährigen Geschichte zeitweilig alles andere als verheißungsvoll aus: 1945 Kriegsschäden an Gleisen und Lokomotiven, 1966 erste drohende Stilllegung, 1992 Einstellung des Güterverkehrs und 1998 eine drohende erneute Stilllegung. Ein Glücksfall in all den Jahren war die Gründung der Arbeitsgemeinschaft „Traditionsbahn Radebeul Ost – Radeburg“ 1974. Sie hat viel dazu beigetragen, dass das Verkehrsministerium im damaligen Ost-Berlin den Wert der Strecke als Tourismusobjekt erkannte. Mehr noch: sie wurde als technisches Denkmal erste Traditionsbahn der Deutschen Reichsbahn, des Verkehrsmuseums Dresden und des Deutschen Modelleisenbahnerverbands der DDR (DMV). Der „Traditionsbahn Radebeul e. V.“ ist heute der dienstälteste Museumsbahnverein Sachsens und bietet mit dem Traditionszug auch ein ganz besonderes Reiseerlebnis auf der Strecke. Gemeinsam mit der SDG mbH als Betreiberin der Strecke veranstaltet der Verein beispielsweise den „Osterhasenexpress" im April oder Fotosonderfahrten bis hin zu Winterdampf in der Adventszeit. Die Dampfloks des Traditionszuges sind die „Sächs. IV K Nr. 132 (99 539)" von 1899 und die „Sächs. IV K Nr. 176 (99 586)" von 1912, dazu zahlreiche Personenwagen. Seit 2004 betreibt die BVO Bahn GmbH – ab 2007 „SDG Sächsische Dampfeisenbahngesellschaft mbH" die Lößnitzgrundbahn im Regelfahrplan und mit Sonderverkehren. 2025 verkehrten von April bis Ende Oktober täglich je fünf Züge von Radebeul bis Moritzburg und zurück sowie zwei am Vor- und Nachmittag von Radebeul-Ost bis Radeburg und zurück. Am Haltepunkt Weißes Roß besteht eine Verknüpfung zur Straßenbahnlinie 4 nach Weinböhla und Dresden. Nach 3,5 km erreicht der Lößnitzdackel die Haltestelle Lößnitzgrund. Hier liegen die ehemalige Gaststätte Meierei (seit 2009 Wohnhaus) und das vom Naturkundler Friedrich Eduard Bilz (1842–1922) Anfang des 20. Jhs. eröffnete gleichnamige Bilzbad (Freibad). Mit der 1912 eingebauten Wellenmaschine ist es zugleich das älteste Wellenbad in Deutschland. Zu den Besonderheiten der Bahnstrecke gehört der 210 m lange Damm über den Dippelsdorfer Teich. Der ist selbst ein Kunstbauwerk und war 1520 auf einer Fläche von 68 ha entstanden (1.700 m lang und 750 m breit). Auf dem Damm liegt mit 185,3 m auch der höchste Punkt der Strecke. Die Moritzburger Teichlandschaft ist als Naherholungsgebiet und bei Ornithologen sehr beliebt, dient doch der Teich während des Vogelzuges als Rastplatz. Für zahlreiche Reisende ist jedoch Moritzburg selbst das erklärte Ziel. Schöner kann man sich dem Wasserschloss Augusts des Starken eigentlich nicht nähern, wenn man von der geradlinigen Schlossallee einmal absieht. Und was kann man von Moritzburg nicht Alles entdecken: Schloss, Landgestüt (u. a. Hengstparade), Fasanenschlösschen, Hafen mit Leuchtturm oder das Käthe-Kollwitz-Haus. Wer weiter möchte, dem seien das Wasserschloss Berbisdorf und der Kulturbahnhof Radeburg ans Herz gelegt!

Schmalspurbahn Wilkau-Haßlau-Carlsfeld

Schönheide, Museumsbahn

Lage:	Museumsbahn Schönheide e. V., Am Fuchsstein 20 a, 08304 Schönheide
Kursbuchstrecke:	171h (1965)
Besonderheit:	Sachsens erste Schmalspurbahn
Bau:	1880/81
Eröffnung:	16. Oktober 1881
Streckenlänge:	41,96 km (gesamt), 4,5 km (Museumsbahn)
Spurweite:	750 mm
Stationen:	(4) Schönheide; Neuheide; Stützengrün; Stützengrün-Neulehn
Loks:	(3) Dampfloks: 99 516 (Dauerleihgabe der Gemeinde Steinberg); 99 582; 99 585 (als Leihlok bei der Schwarzbachbahn); Dieselloks: V10C; 199 051 (1960)
Höhenunterschied:	537 m (Gesamtstrecke)
Kontakt:	**www.museumsbahn-schoenheide.de**

Die Schmalspurbahn Wilkau-Haßlau-Carlsfeld vereint gleich vier Superlative in der sächsischen Eisenbahngeschichte: es war die erste, längste und steilste Strecke aller Schmalspurbahnen Sachsens. Und sie verfügte in Spitzenzeiten über nicht weniger als 41 Anschlussgleise! Hier im westlichen Erzgebirge entstand die fast 42 km lange Verbindung von Wilkau-Haßlau nach Carlsfeld. Sie zweigte in Wilkau-Haßlau von der bestehenden, normalspurigen Eisenbahnstrecke Schwarzenberg-Zwickau ab und erschloss die höher gelegenen Ortslagen Culitzsch (bis 1923/24), Cunersdorf, Kirchberg (Sachsen), Saupersdorf, Hartmannsdorf, Oberhartmannsdorf, Bärenwalde, Obercrinitz, Rothenkirchen (Vogtl.), (Ober-)Stützengrün, Neuheide, Schönheide, Wilzschhaus (heute Schönheide-Süd), Wiesenhaus, Wilzschmühle, Blechhammer und

Lok 99 516 kurz nach dem Bahnhof Stützengrün

Carlsfeld (heute Teil der Stadt Eibenstock). Dabei überwand die Bahn einen Höhenunterschied von über 500 m. Entsprechend ihrer Länge wurde sie in vier Teilabschnitten errichtet, wovon der erste 1881, der letzte 1897 eröffnet wurde. Der Abschnitt Wilzschhaus-Carlsfeld beendete das Bauvorhaben. Mit der Eröffnung der Strecke am 21. Juni 1897 wurde die nunmehr 30. Schmalspurbahnstrecke eröffnet. Die Industrialisierung wäre ohne den Eisenbahnbau nicht möglich gewesen. Während um Kirchberg die aufstrebende Textilindustrie auf einen Eisenbahnanschluss drängte, waren es in der Kammregion des Erzgebirges vor allem die Glashütten. Zu den prominenten Industriebetrieben entlang der Strecke gehörte u. a. der 1880 von Franz Ströher in Rothenkirchen begründete Betrieb, aus dem die Wella GmbH hervorging! In den Glashüttenwerken Carlsfeld wurden ursprünglich die legendären „Odol-Flaschen" des berühmten Mundwassers produziert! Und Kirchberg war bekannt für seine Tuchfabriken und Textilwerke, woran bis heute das frühere Innungshaus der Kirchberger Tuchmacher erinnert. Das so genannte Meisterhaus dient u. a. als Textil- und Heimatmuse-

Lok 99 516 passiert das Einfahrsignal von Schönheide (2024)

um. Nicht zu vergessen die Bürstenherstellung in Schönheide, Stützengrün und Rothenkirchen, deren Produktion bis heute ungebrochen ist – Hauptstandort der deutschen Bürstenindustrie.

Das Ende der Bahnstrecke schien in den 1960er Jahren besiegelt, als man Untersuchungen zur Rentabilität der Strecke anstellte und ganz im Tenor der Zeit, auf den motorisierten Kraftverkehr setzte. Teilstreckenschließungen erfolgten (Kirchberg–Saupersdorf ob. Bhf.) und sukzessive wurden Leistungen der Bahn durch

den Kraftverkehr ersetzt. Am 30. Mai 1970 fuhren die letzten Personenzüge auf der Strecke Saupersdorf–Rothenkirchen. Der letzte Personenverkehr auf dem ältesten Abschnitt Wilkau-Haßlau-Kirchberg fand am 2. Juni 1973 statt. Die letzten Gütertransporte fanden am 30. April 1977 statt. Zum 1. Mai erfolgte die Streckensperrung, 1978 die Stilllegung. Bis zum Sommer 1979 wurden alle Gleisanlagen der mittlerweile stillgelegten Strecke abgebaut.

Doch sollte es das gewesen sein? Das dachten sich auch die Enthusiasten der 1991 gegründeten „Museumsbahn Schönheide/Carlsfeld e. V.“. Mit der Vereinsgründung am 5. April 1991 war auch das Ziel verbunden, ein Teilstück dieser ältesten Schmalspurbahn Sachsens wiederzuerrichten. 2001 verabschiedeten sich die Museumsbahner allerdings vom Zusatz „Carlsfeld“.

Ausgangspunkt war der erhaltene historische Lokschuppen von Schönheide, der zum Ausgangspunkt der Strecke Richtung Stützengrün-Neulehn wurde. 1994 rollte der erste Dampfzug! Wie die anderen Vereine bildeten die Anerkennung als Eisenbahn-Infrastruktur-Unternehmen (EIU) und Eisenbahn-

Verkehrs-Unternehmen (EVU) die Grundlage der weiteren Arbeit. Die ist derartig erfolgreich, dass neben dem Aufbau der Gleise und der Anschaffung eines umfangreichen Wagenparks auch zertifizierte Grundlehrgänge für Dampflokführer u. a. stattfinden. Bei einem ganzjährigen Fahrbetrieb von Februar bis Dezember finden zahlreiche Sonderfahrten und Aktionstage statt, darunter die beiden Tage des offenen Lokschuppens Ende März und die Teddybärfahrten Anfang Mai. Bei den Teddybärfahrten sind auch andere Plüschtiere und Puppen zusammen mit den Kindern und mindestens einem Erwachsenen gern gesehen. Kinder und Teddys haben freie Fahrt! Und natürlich fährt es sich stilvoll mit den Loks 99 516 oder 99 582 – beide gehören zur Gattung der sächsischen IV K. Nicht vergessen werden dürfen auch das alljährliche Bahnhofsfest im Juni am Bahnhof von Schönheide und das Bürstenfest im September (**www.buerstenregion.de**).
Im Regelfahrbetrieb sind je sechs Züge zumeist an den Wochenenden zwischen Schönheide und Stützengrün-Neulehn unterwegs! Eine Besonderheit ist die 1999 am Bahnhof Stützengrün eingebaute mechanische Vollschranke. Die handbediente Schranke hat rund 14 m lange Schrankenbäume.

Preßnitztalbahn

Steinbach–Jöhstadt, Museumsbahn

Lage:	IG Preßnitztalbahn e. V., Geschäftsstelle, Am Bahnhof 78, 09477 Jöhstadt
Kursbuchstrecke:	12600
Bau:	1891/92
Eröffnung:	1. Juni 1892
Streckenlänge:	8,5 km (ursprünglich 23 km von Wolkenstein bis Jöhstadt)
Spurweite:	750 mm
Stationen:	(9) Steinbach, Wildbach, Stolln, Forellenhof, Schmalzgrube, Loreleifelsen, Schlössel, Fahrzeughalle, Jöhstadt
Höhenunterschied:	295 m (ab Wolkenstein)
Loks:	(10) 99 1542-2 (Sächsische IV K); 99 1568-7 (Sächsische IV K); 99 1590-1 (Sächsische IV K); 99 1594-3 (Sächsische IV K); 99 4511-4 (Cn2t); 99 1715-4 (VI K); I K Nr. 54 99 7528 (Sächsische I K); 199 007-6 (Ns4); 199 008-4 (V10c); 199 009-2 (V10c)
Reisezugwagen:	(18) u. a. 970-465 (KS4) offener Aussichtswagen (mit Bierausschank); 970-214 (KB4); 970-408 (KB4)
Güterwagen:	(18) darunter 2 Schotterwagen und 5 Rollfahrzeuge
Nebenfahrzeuge:	(5) u. a. 97-09-43 (SPS 039) – Schneepflug, gebaut vom Raw Meiningen
Kontakt:	**www.pressnitztalbahn.de**

Die älteste und wärmste Thermalquelle Sachsens liegt in Warmbad, heute ein Ortsteil der Stadt Wolkenstein, im mittleren Erzgebirge. Bereits 1866 hatte der Ort mit der Eisenbahnstrecke Chemnitz-Flöha-Annaberg eine Verbindung erhalten, die den Erholungssuchenden die Anfahrt bedeutend erleichterte. Und nicht nur denen. Umgekehrt beförderte die Erschließung des Erzgebirges durch die Eisenbahn die wirtschaftliche Entwicklung der Region entscheidend. Doch es war eine Erschließung in Etappen. Was im reizvollen Zschopautal noch fehlte, war eine Anbindung der Städte und Gemeinden des gleichsam reizvollen, aber höher gelegenen Pressnitz- und Schwarzwassertales. Das Zauberwort dieser Zeit hieß Sekundärbahnen und wurde von Wolkenstein nach Jöhstadt ab 1891 als Schmalspurbahn über eine Distanz von 23 km und über einen Höhenunterschied von 295 m realisiert. Somit konnten auch diese Regionen an das Fernverkehrsnetz über Chemnitz hinaus angeschlossen werden. Die maximale Steigung der neuen

Ein Zug kurz vor dem Haltepunkt Forellenhof

Strecke lag bei 1:40, wobei die größten Steigungen im im Streckenbereich zwischen dem Bahnhof Schmalzgrube und dem Bahnhof Jöhstadt lagen.

Der Erfolg der 1892 eröffneten Bahnstrecke lag auf der Hand: 38 Anschlüsse zu Gewerbebetrieben. Und das Besondere: ein Dreischienengleis vom Bahnhof Wolkenstein zum neuen Abzweig über eine Distanz von 1,4 km. Der Bau der Strecke war anspruchsvoll, war eng und kurvenreich. 52 Brückenbauten, davon drei in

Stein, überwanden Bäche und sonstige Hindernisse, vor allem zu Zeiten der Schneeschmelze. Besonders Fußbrücken entlang der Abschnitte entlang des Preßnitzufers waren zum Schutz vor Hochwasser angelegt worden. Die Strecke wurde durch ursprünglich zehn Stationen (Wolkenstein, Streckewalde, Großrückerswalde, Niederschmiedeberg, Oberschmiedeberg, Steinbach, Schmalzgrube, Schlössel, Jöhstadt, Jöhstadt Ladestelle) erschlossen. In Wolkenstein und Jöhstadt entstanden Lokschuppen. Wasser erhielten die Loks u. a. spätestens nach 15 km in Steinbach und weiterhin auf jeden Fall auch in Wolkenstein, Niederschmiedeberg, Jöhstadt und Jöhstadt Ladestelle. Bekohlungsanlagen waren in Wolkenstein und Jöhstadt vorhanden. Die neue Bahnstrecke war beliebt, diente neben Gütertransporten auch dem wachsenden Ausflugsverkehr. Die Verlängerung der Bahnstrecke von Jöhstadt nach Wei-

pert (tschech. Vejprty) ins Böhmische hinein scheiterte am Ausbruch des Ersten Weltkrieges. Zu den großen Anschlussnehmern gehörten eine Papierfabrik in Niederschmiedeberg und die Fladersche Feuerlöschgerätefabrik von E. C. Flader in Jöhstadt.
1912 warb das weithin bekannte Unternehmen sogar auf seinem Briefbogen mit der „Güterstation Jöhstadt-Ladestelle". Große Bedeutung hatte bis zur Bahnein-

---

Mit Doppelbespannung kurz vor dem Bahnhof Jöhstadt

stellung der Gleisanschluss des damaligen DKK Scharfenstein, Betriebsteil Niederschmiedeberg als alleiniger Hersteller von Haushaltskühlschränken in der DDR.

Das ab 1954 am Standort Niederschmiedeberg in der alten Papierfabrikanlage eingerichtete Zweigwerk des VEB DKK Scharfenstein war seitdem Hauptanschließer dieser kleinen Bahn.

In den 1980er Jahren wurde die Strecke in zwei Etappen 1984 (Personenverkehr) und 1986 (Kühlschrankwerk) stillgelegt. Noch 1985 merkte Günther Feuerreißen in seinen „Reisen mit der Schmalspurbahn" an, dass „die Bahn [...] bislang nicht zu den zu erhaltenden Schmalspurbahnen" zählt. (S. 95) Nach Einstellung des Bahnbetriebes wurde die Bahnstrecke komplett abgebaut. Wie groß dürfte die Freude dieses Eisenbahnenthusiasten gewesen sein, als sich im Sommer 1990 die Interessengemeinschaft Preßnitztalbahn e. V. mit dem Ziel gründete, die Strecke als Museumsbahn sukzessive wieder aufzubauen. Tatsächlich war es die letzte Schmalspurbahn, die zu DDR-Zeiten stillgelegt worden war. Schlimmer: Am Ende blieben nahezu verschwundene Gleisanlagen, zwei Drittel der Brücken waren zerlegt. Dazu kamen neue Hochbauten in Steinbach (Kindergarten) und Jöhstadt (Wohnblock). Eine der ersten Maßnahmen der IGP im Sommer 1990 galt der Entrümpelung und baulichen Wiederherstellung des Jöhstädter Lokschuppens, der Materialakquise, gefolgt vom der „Aufbau der Museumsbahn Jöhnstadt-Schmalzgrube mit Verlängerungsoption bis Steinbach". Längst ist dieser 9,3 km lange Streckenabschnitt in Teilabschnitten und in unzähligen freiwilligen Arbeitsstunden wiederhergestellt worden und die Preßnitztalbahn wieder ein fester Begriff in Nah & Fern.

Am 3. Mai 2025 konnte der Verein (seit 1992) den einmillionsten Fahrgast begrüßen! Mit dem Abriss des Kindergartens in Steinbach und des Wohnblocks in Jöhstadt ist auch endlich die Baufreiheit auf der Trasse wieder gegeben. Das nächste Ziel ist die Wiederanbindung Oberschmiedebergs, auf dessen Bahnhof bereits seit Ende 2023 wieder Gleise liegen. Die Bahnhöfe Steinbach und Schmalzgrube erinnern bereits an alte Zeiten. Höhepunkte sind das alljährliche Bahnhofsfest in Jöhstadt zu Pfingsten, das Wildbachfest und Steinbacher Ziegentreffen Anfang August oder die begehrten Nachtschwärmerfahrten! Wer neugierig ist, dem sei der „Preß'-Kurier" empfohlen, die „ultimative Zeitschrift für Eisenbahnfreunde"!

Waldeisenbahn Muskau

Weißwasser

Lage:	Waldeisenbahn Muskau, Teichstraße 7, 02943 Weißwasser
Bau:	1895–1898
Status:	Private Bahn des allgemeinen, nicht öffentlichen Verkehrs (1892); ursprünglich keine Personenbeförderung
Streckenlänge:	50 bis 85 km (variierte)
Spurweite:	600 mm
Loks:	(5) Dampfloks, 99 3312-8 (Diana); 99 3315-1; 99 3317-7; Hilax; Nr. 5
Kontakt:	**www.waldeisenbahn.de**

Das Zauberwort „Muskau“ verbinden die meisten Menschen mit Hermann Fürst von Pückler-Muskau und denken dabei idealerweise an den herrlichen englischen Landschaftsgarten oder verkürzt auf Fürst Pückler auch an zartschmelzendes Halbgefrorenes. Aber denken sie auch an die Waldeisenbahn? Die meisten Touristen kommen ja heutzutage mit dem Auto, einige wenige vermutlich auch mit dem Zug. Der aber hält nicht in Bad Muskau, sondern in Weißwasser. Wer zum Fürst-Pückler-Park möchte, nimmt heute die Waldeisenbahn!

Beinahe wäre es für Muskau anders gekommen, denn die Berlin-Görlitzer Eisenbahn Aktiengesellschaft beabsichtigte 1864 tatsächlich die Eisenbahnstrecke der Fernbahn durch das Neißetal zu legen. Der Standesherr Prinz Friedrich der Niederlande (1797–1881) war dagegen. So erhielt Weißwasser den Zuschlag und 1867 Bahnanschluss. Der Ort profitierte nachhaltig in seiner wirtschaftlichen Entwicklung. Bad Muskau bekam 1872 eine Stichbahn samt Bahnhof, der jedoch weit von der Stadt entfernt lag (2001 stillgelegt). Traugott Hermann Graf von Arnim-Muskau (1839–1919) setzte nach seiner Übernahme der Standesherrschaft 1883 neue Maßstäbe und begann die wirtschaftliche Entwicklung im großen Stil voranzutreiben: ein Alaunbergwerk, ein Sägewerk und die Papierfabrik standen am Anfang. Die lag nur einen Steinwurf vom Neuen Schloss und den berühmten Park entfernt! 1890 begann er Kohle auf industrieller Grundlage zu fördern, die u. a. für die neue Glasindustrie der Region benötigt wurde. Was fehlte, waren Verbindungen untereinander. Vom Holzeinschlag im Forstrevier Keula etwa zum Sägewerk, von den Kohlegruben zu den Fabriken. So entstand der Gedanke einer Waldeisenbahn. Hier konnten Gleise leicht verlegt und den wechselnden

Bedingungen angepasst werden. Zwischen 1895 und 1898 entstanden die Hauptstrecken der Gräflich Arnimschen Kleinbahn mit rund 50 km Gleisen hinter dem Bahnhof Muskau zur Papierfabrik, den Kohlegruben und nach Weißwasser. Die erste Strecke wurde 1895 als Pferdebahn zwischen der Braunkohlengrube „Caroline I" bei Krauschwitz und der Kohlenladebühne unterhalb des Bergparks betrieben. Eine erste Lokomotive gelangte 1896 nach Muskau, dazu 40 Kohlekippwagen, 22 Langholz- und 15 Plattformwagen – beide für den Holztransport. Eine Strecke führte von Weißwasser entlang des Bergparks zu den Alaun-Erzhalden, der Glashütte und Kohlenladebühne. Ein Stumpfgleis endete direkt vor dem Badehaus des Hermannsbades, wo zuvor die Alaunhütte gestanden hatte. Im Norden reichte das auf 85 km angewachsene Netz bald bis Köbeln, im Osten bis Pechern und im Südwesten bis zur Ruhlmühle und nach Tzschelln. In Weißwasser fuhr die Kleinbahn mitten durch den Ort, was zu Unmut und teils

auch Unfällen führte. So titelte die örtliche Zeitung um 1900 beinahe regelmäßig vom „Schmerzenskind von Weißwasser“, um Unfälle zwischen Fuhrwerken und der Bahn zu thematisieren oder das Lokpersonal zu kritisieren – schuld schien regelmäßig die Kleinbahn des Fürsten zu sein! Bekanntlich liegt die Wahrheit stets in der Mitte! Traugott Hermann starb 1919 kin-

---

Fotosonderzug mit Lok 99 3315 bei Weißwasser (2023)

derlos. Um seinen Besitz zu erhalten, hatte er 1908 ein Familienfideikomiss gestiftet, um den Familienbesitz zu erhalten. Die Familie blieb Obereigentümer, ein Familienmitglied, in diesem Fall der Stiefsohn Adolf Graf von Arnim-Blumberg, wurde Nutzeigentümer, d. h. ihm standen die Erträge aus dem Vermögen zu, über das er jedoch nicht frei verfügen konnte. Mit der Weimarer Reichsverfassung 1919 wurden sämtliche Familienfideikomisse aufgelöst. Es gab jedoch ein „Schlupfloch" in Gestalt einer Stiftungsoption für Waldeigentümer für Waldgüter. So entstand am 29. März 1922 die Waldgut-Stiftung aus Oberforstamt, Gärtnerei, Park, Gütern, Papierfabrik, Sägewerk und Kleinbahn! Mittelpunkt wurde der Waldbahnhof bei Krauschwitz. Bis zu elf Dampfloks befuhren das Gleisnetz und bedienten auch Betriebe, die nicht zum von Arnimschen Besitz gehörten. Eine Zäsur brachte der Zweite Weltkrieg. Der sowjetischen Beschlagnahme und Demontage fielen nicht nur Betriebe zum Opfer, auch die Waldeisenbahn musste Einbußen an Loks, Wagen und Gleisen erleiden. 1951 wurde die Waldeisenbahn Teil der Deutschen Reichsbahn. Der Schwerpunkt lag nun auf den Transporten der Braunkohle. Ihren Höhepunkt erlebte die Strecke um 1960, als täglich 1.000 Tonnen Rohbraunkohle der Grube Frieden in drei Schichten und 200 Wagen transportiert wurden. 1967 konnte noch die Tonbahn eröffnet werden, die als Streckenneubau die Tongrube Mühlrose mit der 11 km entfernten Ziegelei verband und bis 1991 bestand. Da waren allerdings weite Teile der Waldeisenbahn stillgelegt. 1978 schien das Ende besiegelt! Doch schon Mitte der 1980er Jahre fanden sich Eisenbahnenthusiasten zusammen, um noch Vorhandenes zu bewahren. Die Ziegelei Weißwasser wurde erste Heimstatt, dann ab 1988 der spätere Bahnhof Teichstraße. Die Wende 1989 bedeutete eine neue Chance in der Verbindung des technischen Denkmals mit dem Tourismus. So konnte bis 1992 die Strecke nach Kromlau für den Personenverkehr wiederbelebt werden und 1995 die Strecke nach Bad Muskau. Heute nutzen jährlich rund 50.000 Menschen die reichen Angebote der Waldeisenbahn (seit 1993 zusätzlich eine GmbH). Kinder bis sechs Jahren fahren übrigens kostenlos und Kinderwagen werden kostenfrei transportiert! Beliebt sind die Tonbahnfahrten Weißwasser–Schwerer Berg ebenso, wie der Sonderzug zur Lichternacht im Kromlauer Park oder die Weihnachtsmann-Fahrten im Dezember.

Schmalspurbahn Zittau-Kurort Oybin / Zittauer Schmalspurbahn

Zittau

Lage:	Sächsisch-Oberlausitzer Eisenbahngesellschaft mbH, Bahnhofstraße 41, 02763 Zittau
Kursbuchstrecke:	238
Bau:	1889/90
Eröffnung:	24. November 1890
Streckenlänge:	10,58 km
Spurweite:	750 mm
Stationen:	(10) Zittau; Zittau, Haltepunkt; Zittau Süd; Zittau, Vorstadt; Olbersdorf, Niederdorf; Olbersdorf, Oberdorf; Bertsdorf Bhf.; Kurort Oybin, Niederdorf; Teufelsmühle; Kurort Oybin
Loks und Triebwagen:	(14) u. a. 99 731 (1928); 99 758 (1933 – Fotozug); VT 137 322 (1938)
Personenwagen – Altbaufahrzeuge:	(16) u. a. 970-241 (1913) – Leihgabe der Schwarzbachbahn e. V.; 970-314 (1900)
Gepäckwagen – Altbaufahrzeuge:	(4) u. a. 974-112 (1922) – Teil des Sachsenzugs
Güterwagen – Altbaufahrzeuge:	(18) u. a. 97-09-58 (1917) – Schneepflug
Kontakt:	**www.zittauer-schmalspurbahn.de**

„Unmittelbar neben dem Zittauer Hauptbahnhof liegt der Kleinbahnhof, von dem aus die ‚Bimmelbahn' seit 1890 die Feriengäste und Wochenendreisenden in aufsteigender Fahrt nach dem 12,2 km entfernten Oybin bringt", vermerkte Rudolf Paul Roßberg in seinem Brockhaus-Wanderheft „Oybin-Lückendorf" 1975. An der Situation hat sich auch ein halbes Jh. später wenig verändert. Einzig die Anzahl der Feriengäste – in den 1980er Jahren nutzen rund 60 % die Schmalspurbahn – hat sich mittlerweile stark verändert, nicht aber die Beliebtheit für Bahn und Region, die ungebrochen geblieben ist!

1873 wurde Oybin in den Verband der sächsischen Sommerfrischen aufgenommen, doch noch 1884 musste man die Postkutsche nehmen – wenig erholsam, wenn man bedenkt, dass 1881 die erste der zahlreichen so genannten Sekundärbahnstrecken eröffnet worden war. So ruckelten die Gäste die 7,36 km lange Strecke pferdestärkenbespannt früh oder nachmittags nach Oybin. Privatinitiativen wurden von Dresden aus eher abgelehnt oder als Ausnahmen betrachtet und so war es kein Wunder, dass die Eisenbahnprojekt der Prager Lokalbahngesellschaft zum Bau einer Strecke Niemes-Oybin-Zittau scheiterte. Petitionen des Oybiner Gebirgsvereins an den Landtag und der Gemeinde Oybin an die Zittauer Handels- und Gewerbekammer, sollten der Angelegenheit Nachdruck verschaffen. Am Höhepunkt der Auseinandersetzungen, dem 19. April 1884, wählte der Zittauer Bürgerverein ein Bahnbau-Komitee. Ziel war es, dem Bau der Bahnstrecke endgültig den nötigen Druck zu verleihen, da Staatsmittel kaum zu erwarten waren.

Zwei Züge mit 99 758 (l.) und 99 1760-0 (r.)
im Bahnhof Bertsdorf (2022)

Das Zauberwort hieß Privatbahn! Die Konzessionserteilung durch den Landtag dauerte weitere fünf Jahre bis zum 28. März 1889! Die Privatbahn galt im Dekret Nr. 14 als große Ausnahme. Allerdings wurden zeitgleich zwei weitere, normalspurige Privatbahnstrecken genehmigt: Adorf-Roßbach und Wechselburg-Küchwald. Die Zittau-Oybin-Jonsdorfer Eisenbahn-Gesellschaft (ZOJE) hatte im Volksmund gleich ihren Spitznamen weg: „Zug ohne jede Eile". Doch bereits am 24. November 1890 konnte die 16 km lange Strecke bis Jonsdorf eröffnet werden. Täglich verkehrten fünf Zugpaare zwischen Zittau und Oybin, vier ab Bertsdorf nach Jonsdorf. Die angeschafften Personenwagen genügten nicht, sodass ab 1893 auch Güterwagen zur Beförderung der Reisenden eingesetzt wurden. Mancher mag sich da die gute alte Postkutsche zurückgesehnt haben. Bereits im Eröffnungsjahr nutzten mehr als 236.000 Reisende die neue Strecke. Sie blieb bis 1906 in Privathand und fiel dann an die sächsischen Staatseisenbahnen. Die bauten die bis dahin eingleisige Stre-

cke zwischen Zittau-Vorstadt und Oybin zweigleisig aus (eröffnet April 1913; rückgebaut 1943–1946). Im Folgejahr fuhren die Züge zu Pfingsten im Zehn-Minuten-Takt! Pfingsten 1923 wurden an den beiden Pfingstfeiertagen zusammen 45.000 Fahrkarten verkauft! Ab März 1938 wurden erstmals vier Schienentriebwagen von Linke Hoffmann Busch aus Bautzen auf der Strecke eingesetzt (VT 137 322–325). In der Nachkriegszeit sollte sich die Frequenz noch einmal steigern. Zu DDR-Zeiten brachten in Spitzenzeiten elf Zugpaare und zusätzlich elf Buslinien die zahlreichende Urlauber ins Gebirge. Damit war die Strecke die am stärksten frequentierte in Sachsen! Hinzu kam der Güterverkehr, darunter Kohlentransporte ab Olbersdorf-Oberdorf mit täglich bis zu 30 Wagen (1966). Der Güterverkehr wurde bis 1993 abgeschafft. Im Juli 1990 gründete sich der Interessenverband Zittauer Schmalspurbahn e. V. Seit Dezember 1996 liegt die Betriebsführung der mittlerweile regionalisierten Zittauer

Der mit 99 760 dampflokbespannte Zug verlässt Zittau (2020)

Schmalspurbahn in den Händen der Sächsisch-Oberlausitzer Eisenbahngesellschaft (SOEG mbH), während die Geschäftsführung in den Händen der kreiseigenen Kraftverkehrsgesellschaft Dreiländereck (KVG) liegt. 2005 wurden rund 95.000 Fahrgäste gezählt. Hinzu kommen zahlreiche Sonderfahrten. Dazu gehören die „Zeitreisen" wie „Reisen Anno 1915" mit dem

Sachsenzug (ZOJE-Wagen und IV K-Lokomotive 145), „Reisen Anno 1930“ mit dem Reichsbahnzug (Salonwagen und Einheitslok 99 731) oder „Reisen Anno 1960“ mit dem Zittauer Triebwagen VT 137 322. Beliebt sind im ganzjährigen Angebot auch das „Heizerfrühstück im Speisewagen“ von November bis März, die Theaterwagen von Mai bis Oktober oder die Stellwerksbesichtigungen im Stellwerk Zittau Süd! Neben dem Oybiner Bahnhof lädt seit 2018 der Abenteuerspielplatz „Kinder-Bahnhof-Zwergenreich“ die jüngsten Bahnenthusiasten ein: Kinder können hier von April bis Oktober Weichen stellen, Lokführer spielen oder den Wasserkran betätigen!

Literaturverzeichnis

Arndt, Gerhard; Arndt, Ursula: Pionier und Ausstellungsbahnen, 1. Aufl., Berlin 1981.

Feuerreißen, Günther: Reisen mit der Schmalspurbahn, Berlin 1989.

Jünemann, Klaus; Preuß, Erich: Schmalspurbahnen zwischen Spree und Neiße, 2. Aufl., Berlin 1988.

Karlsch, Rainer; Schäfer, Michael: Wirtschaftsgeschichte Sachsens im Industriezeitalter, Dresden, Leipzig 2006.

Kirsche, Hans-Joachim: Bahnland DDR. Reiseziele für Eisenbahnfreunde, 2., bearb. u. erg. Aufl., Berlin 1990.

Machel, Wolf-Dieter: Unverzichtbar – unwirtschaftlich. Die Schmalspurbahnen der Deutschen Reichsbahn, in: Eisenbahn in der DDR. Die Deutsche Reichsbahn 1945–1990, München 2006, S. 86–91.

Preuß, Reiner; Preuß, Erich: Schmalspurbahnen der Oberlausitz, 1. Aufl., Berlin 1980.

Schattkowsky, Martina (Hg.): Kulturlandschaften Sachsens Bd. 3: Erzgebirge, Dresden, Leipzig 2010.

Thiel, Hans-Christoph; Eißner, Christian: Wieder unter Dampf. Wiederaufbau der Weißeritztalbahn nach der Augustflut 2002, 1. Aufl., Freital 2008.

Die Rhino-Westentaschen-Bibliothe
Weisheiten von Goethe und Schiller
Klassische Küchenkräuter
Klassische Heilkräuter
Klassische Gewürze
Homöopathische Hausapotheke
Gesundheit aus der Tasse
Das Monats- & Feiertagsbüchlein
Großmutters Küchentipps
Großmutters Haushaltstipps
Klassisches Gemüse und Wildgemüse
Klassisches Obst und Wildfrüchte
Mit Bauernregeln durch das Jahr
Kleines Thüringer Bratwurst-Buch
Kleines Thüringer Kloßbuch
Kleines Skatbuch
Luther – Weisheiten & Lebensstationen
Cranach – Die Maler der Reformation
Klosterweisheiten
Großmutters Gesundheitstipps
Das kleine Usedombuch
Redewendungen auf der Spur
Der Harz von A bis Z
Das kleine Strandbuch
Ilmenau von A bis Z
Futtern wie bei Luthern
bauhaus
Bibelsprüche
Das kleine Buch der Wettiner
Die Thüringer Landgrafen
Kleine Geschichte Thüringens
Der Rasende Roland
Kreuz & quer gedacht
Thüringer Klöster
Wiederentdeckte Kräuter
Besondere Kirchen in Thüringen
Kleine Geschichte Sachsens
Theodor Fontane – landauf, landab
Das kleine Wismarbuch
Der Brocken · Mythos und Wirklichkeit
Das kleine Buch der Thüringer Trachten
Kleines Tucholskybuch
Der Molli
Historische Parks & Gärten in Thüringen
Das kleine Mönchgut-Buch
Grill Gut
Das kleine Buch der Saale
Sächsische Schlösser
Das kleine Fischland-Darß-Zingst-Buch
Das kleine Zwiebelmarkt Buch
Schlösser- und Burgenland
Sächsische Burgen und Festungen
Kleine Geschichte Mecklenburgs
Limericks & Schlimmericks
Mini-Bildband Rügen
Störtebeker
Sächsische Schlossgärten
Kleine Geschichte Pommerns
Das kleine Leuchtturm-Buch MV